I0481412

Hinterhof-Windkraftanlagen

Nutzen Sie die Kraft des Windes mit
einfachen und Spaß-Projekte

Copyright © 2017 by Ahmed Ebeed

Alle Rechte vorbehalten. Dieses Buch oder Teile davon darf weder mit Ausnahme der in einer Buchbesprechung oder wissenschaftliche Zeitschrift Verwendung von kurzen Zitaten ohne die ausdrückliche schriftliche Genehmigung des Herausgebers in irgendeiner Art und Weise vervielfältigt oder verwendet werden.

Inhaltsverzeichnis:

Vorwort

Windkraft ist eine Inspiration für Menschen auf der ganzen Welt und ein einzigartiges Symbol für die Freiheit immer.

Ich habe immer machen wollte etwas, das diese Kraft auch auf die geringste Menge an Energie nutzbar machen könnte.

Mein Fokus hat sich um die Wiederverwendung und das Recycling immer gewesen, und ich fühlte mich dort warten reichlich Ressourcen für den Bergbau waren.

2013 war der Anfang für mich, als ich mein erstes Projekt gemacht. Es hat sich seitdem meine Leidenschaft. Und dann sehe ich nicht zurück.

Heute möchte ich mit Ihnen diese einfache, aber Spaß Projekte teilen und fördern Sie mit Ihren Kindern und Studenten zu versuchen.

Alles, was ich dir sagen möchte, ist: „Finden Sie Ihre Passion" und „Folgen Sie ihm"

Sie nicht Ihren Traum aufgeben, auch wenn Sie für das Leben in anderem Bereich oder Beruf zu arbeiten hatten.

Halten Sie arbeiten und die Suche nach Möglichkeiten, wie Sie Ihre Leidenschaft üben können, bis Sie die Chance bekommen signifikanten Nutzen zu machen und dann echte profitieren.

Wenn Sie immer lernen, auf Ihrem Traum zu arbeiten und die Menschen helfen, mit diesem Traum werden Sie am Ende belohnt.

Vielen Dank für dieses Buch zu lesen.

Ahmed Ebeid

Alt PC Fan ----> Windturbine in 10 Minuten

Ich sah einige alte PC Fans Ich habe und dachte, dass sie so klein verwendet werden können, Windturbines.

Es ist mein Traum für eine lange Zeit gewesen, eine machen Windturbine Generator auch eine LED-Licht.

Der PC-Fan ist Brushless DC (BLDC) Motor. Es kann zu einem umgewandelt werdenGenerator in 5 Minuten.

Stuff Sie brauchen:

PC-Lüfter: alt oder neu

Krokodilklemmen

Lötkolben

Schritt 1: Konzept

Das Konzept ist einfach. Sie können diesen Teil überspringen und hier direkt mit dem conversion.The BLDC-Motor verwendet beginnen hat eine Statorwicklung und einen Permanentmagnet-Rotor. Der Motor wird von 12V DC versorgt. Aber die Magnetfelddrehung wird durch Elektronik (Kommutierungselektronik) erzeugt. Wie der Name schon sagt, welche die Elektronik-Komponenten umwandeln Gleichstrom in Wechselstrom die magnetischen im Stator rotate.The elektronische Kommutierung durch eine kleinen erreicht eingereicht macht den induzierten Strom vom Motor als ein gebrauchten IC.To zu erhalten

Generator , Müssen Sie diesen IC entfernen.

Schritt 2: Disassemble

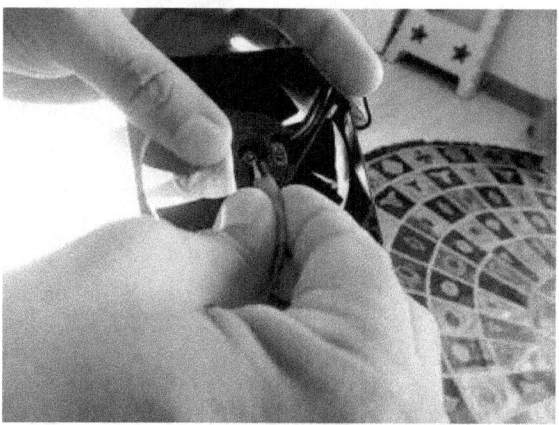

Dies ist, was ich zeigen, werden Sie Aufkleber auf der Rückseite des entfernen how.First

Ventilator.Dann Sie ein kleines Stück Plastik Schloss finden, die Lüfterwelle gesichert hält, brechen sie nicht. Entfernen Sie es mit einer Krokodilklemme.

Dies <u>Krokodilklemme</u>in diesem Job ist sehr nützlich. Viele Leute haben sie gefragt, wie würden sie dieses Plastikschloss entfernen und ich habe sie geantwortet, dass sie leicht die Krokodilklemme verwenden können, es zu tun, ohne es zu brechen.

Schritt 3: Winding Löten

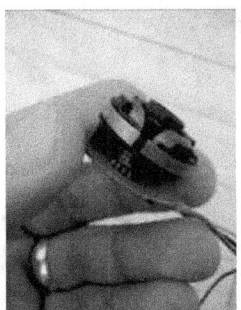

Sie können 4 Pole sehen in Reihe geschalteten Wicklung und haben nur zwei
Terminals. Um den induzierten Strom zu bekommen, Versorgungsleitungen zu
diesen Anschlüssen verbinden und den Lüfter rotate.With ein Lötkolben lassen,
entfernen Sie vorsichtig Lot unter Stifte IC und entfernen Sie die IC.Remove jede
oberflächenmontierbaren Widerständen oder transistors.Remove die
Versorgungsleitungen bilden dort Platz sie in den Löchern der entfernt setzen
IC.Connect die Versorgungsleitungen in der Wicklung terminals.Make sicher, dass
Sie die Anschlüsse verbinden in einer Weise (von dem Sie die erzeugte Spannung
erhalten), die die zwei Sätze von Wicklung in Reihe geschaltet macht .

Schritt 4: Finale

Montieren Sie den Lüfter an seinem Platz und verriegeln Sie ihn mit dem Stück
Plastik gesagt, dass ich Sie about.Put zurück sticker.Connect

LEDKlemmen an die Versorgungsdrähte. Mach dir keine Sorgen über + ve und -
ve-Terminals, dieLED Licht, wenn Sie es irgendeine Art und Weise verbinden,
vertrauen me.Roll die
Ventilator

I verbunden, um ein Spannungsmesser der Ausgangsspannung zu sehen. Es war
etwa 3 Volt im Durchschnitt.

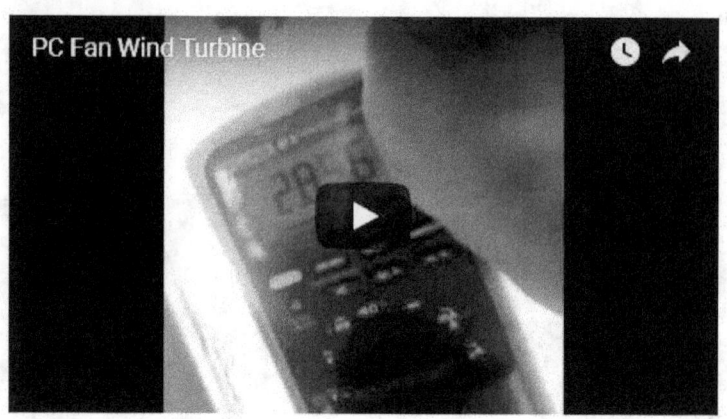

PC Fan Wind Turbine

Vielen Dank für das Lesen.

TurbineOne - Grundwindturbine, dass jeder Can Make

Dies ist meine erste Arbeits praktische Windturbine. Ich liebe wirklich grüne
Projekte und erneuerbare Energie Sachen. Im vergangenen Jahr habe ich eine kleine
Änderung auf einem alten PC-Lüfter machte es in eine kleine Windturbine zu
konvertieren. Es hatte genug Ausgangsleistung eine LED-Licht. Es war ein riesiges
Projekt für mich damals, weil ich immer so viel gewünscht habe noch wenig Strom
aus wind.The großer Zahl von Menschen auf instructables zu erhalten, die
erfolgreich verschiedene Größen und Formen von praktisch arbeiten
Windkraftanlagen gebaut hat mich motiviert zu bauen meine nächste Stufe
Windrad höher Skala von Macht zu haben output.That ist, wo TurbineOne kam

from.TurbineOne meine erste praktische Stromerzeugung Windturbine DE.I es TurbineOne benannt ist, weil ich die Absicht, viele andere turbines.I'll erklären zu bauen, wie ich baute es in der nächsten steps.I wissen, wenn es um technische Berufung kommt, TurbineOne technische Berechnungen oder Technologie Praktiken ist mir nicht sehr awesome.Believe; Ich bin nicht so praktisch, wenn es um die Mechanik kommt und Macht mit tools.Please guten Kommentare und produktive Kritik zu machen.

Schritt 1: Generator

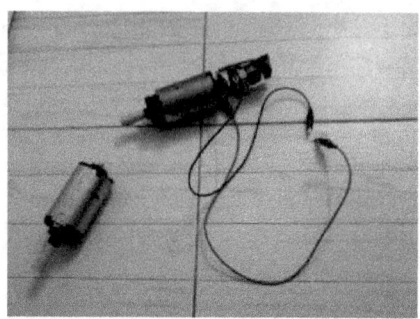

Dies ist der wichtigste Teil der Ausrüstung für die Windturbine DE.Actually, es war das erste, was ich begann zu suchen, wenn ich beschlossen, meine eigenen zu bauen

Windturbine.Ich dachte, einen Gleichstrommotor von jedem Baumarkt zu kaufen, die für jedes Gerät dieser Art von Motoren als Ersatzteil verkauft und ich dachte, sie von eBay zu bekommen (zB Geschirrspüler, Mixer ... etc) .Wenn Sie nicht finden konnten, ein alter

Motor-, Haben Sie noch die Möglichkeit, einen neuen zu kaufen.

Dann fand ich einen alten Mixer Motor- Das hat einen Permanentmagnet innen it.The Motor erzeugt Elektrizität, wenn sie durch hand.I gedreht wird, um den Ausgang gemessen und nahezu 14 Volt auf dem Voltmeter erwiesen.

Schritt 2: Material

Diese Windkraftanlage ist zu 100% recycelt. Ich habe alle Teile aus Schrott und
verwendet stuff.It dauerte eine lange Zeit, um einige der Materialien für den Bau
verwendet es zu sammeln, aber man kann sie nur kaufen oder glücklich sein, um
sie leichter als ich did.PVC Rohr zu finden ---- -----> ich fand ein altes PVC-Rohr
von geeigneter Länge, wie Turbinenschaufeln verwendet werden.

5 CD-ROMs -------> I alte CD-ROMs und DVD als Windrad hub.I verwendet fand heraus, dass CDs dicker als DVDs.Fax Papier Plastikrolle ----- verwendet> als Kuppler zwischen CD-ROMs und Motor shaft.Some screws.Some wires.Old Metallstab als Turm verwendet

Plastikband raps

Ich habe diese instructable zum Overs Wettbewerb, weil es aus 100% besteht verwertet und alte Überbleibsel Sachen.

Schritt 3: Werkzeuge

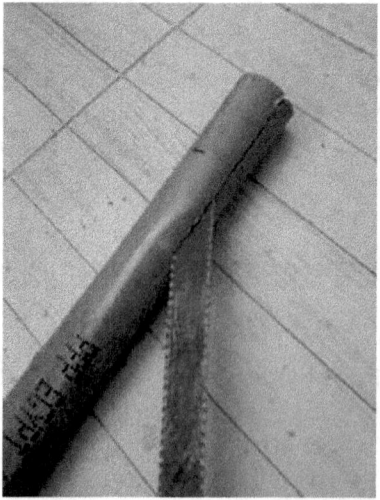

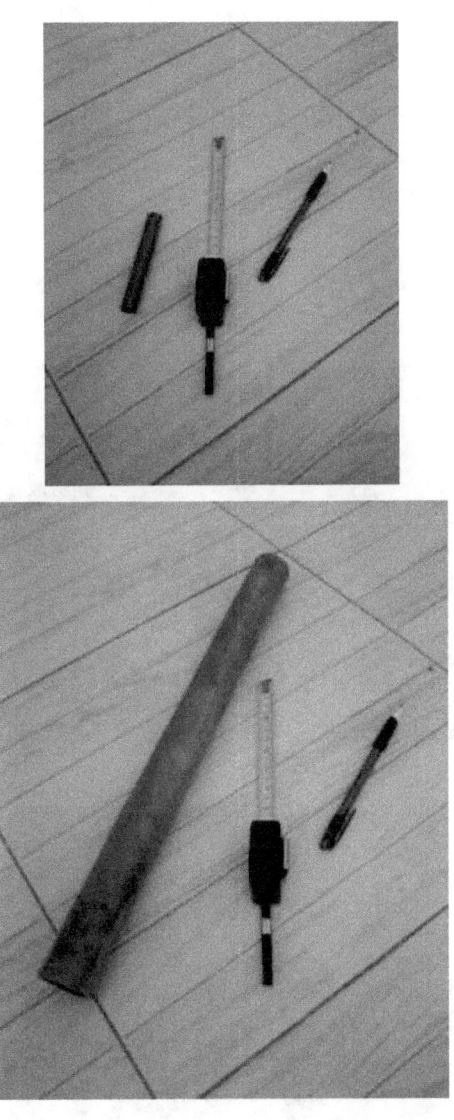

Dieses Projekt wird mit ziemlich Elektrowerkzeugen hergestellt. Bitte seien Sie vorsichtig, wenn Sie diese stuff.- mit

Sah

- Schraubendreher

- Sandpapier

- Zange

Schritt 4: Hub Assembly

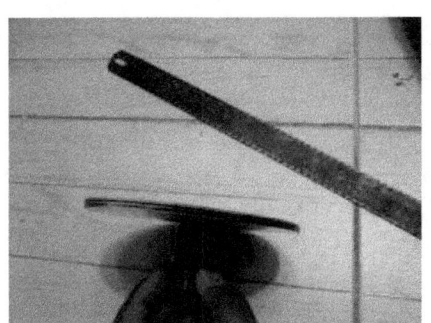

Ich begann mit der Turbine hub.Cut das Kunststoff-Fax Rohr bis 5 cm long.I das Kunststoffrohr zu setzen um die

Motor- shaft.Use das Sandpapier in CD ROM Zentrum dreht, um das Kunststoffrohr in it.Put CD-ROMs und DVDs um das Kunststoffrohr und Motorwellenpassung zu machen.

Schritt 5: Blades Montage

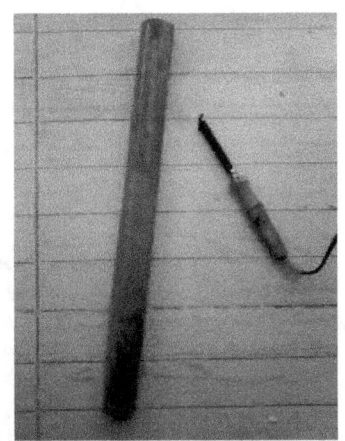

X

Ich wollte die Turbinenschaufeln in die üblichen Turbinenschaufeln schneiden shape.I wirklich die Idee der Verwendung von PVC-Rohr als Ventilatorflügel gefallen hat. Ich habe diese Idee von der internet.But wenn ich den alten PVC-Rohr bekam ich durch Ziehen der Ventilatorflügel auf einer Vorlage angegeben, um es auf dem PVC-pipe.Then zeichne ich nicht die Werkzeuge bekommen konnte Rohr in der feinen Form zu schneiden der Lüfter blade.So ich habe den einfachen Weg zu machen gewählt und das PVC-Rohr in gerade drei gleich großen Stücke schneiden heiße Löten mit iron.But wie werden diese Stücke einer Drehbewegung zu erzeugen, aus der wind.I jedes Blatt installieren entschieden die Nabe so wird es nahezu senkrecht zur Nabe und die runde Form des Rohres macht den Rest.

Schritt 6: Montage der Turbine

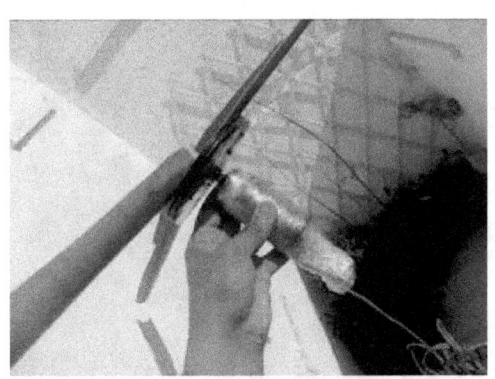

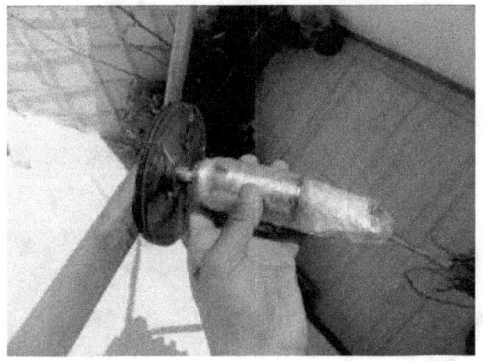

I installiert, um die Nabe um den Motor herum und befestigt sie zusammen, um den Fax-Papier unter Verwendung von Kunststoff tube.Then I das zusätzliche Stück Plastik aus dem kleinen Kunststoff geschnitten tube.I das Metallrohr zu bohrenden Schrauben installieren, um die beiden Rohre zu reparieren together.I die installierten Turbine mit seiner Stange auf dem Dach meines apartment.It dreht sie wirklich, wenn der Wind ziemlich ist blowing.TO DO: ich werde eine Batterieladeschaltung machen und eine versiegelte Blei-Säure-Batterie anschließen, um eine stetige Versorgung Stromquelle zu machen.

Das fertiger Windrad-Kit wird immer eine gute Option für mich sein.

Vielen Dank für das Lesen.

Fehlgeschlagen: PC Fan Wind Turbine Blades !!!

Ich will wirklich diese neuen Projekte, die ich machen sie teilen auch nicht so einzigartig waren aber zu teilen, was ich machen hält mich lebendig zu fühlen.

Also lasst uns anfangen.

Wie Sie alle wissen, arbeiten einige Projekte und einige scheitern gerade. Das ist, wie im Leben geht. Doch in instructables, habe ich nur Projekte meiner Arbeit zu veröffentlichen. Das ist, wie ich meine Projekte in instructables verwandeln.

Aber ich dachte, dass ein gescheitertes Projekt nicht wirklich ein Totalausfall ist. Das Projekt, das ich gemacht und sicher etwas gelernt von ihm. So muss es eine gute instructable für uns alle machen zu lernen.

So, hier ist meine erste gescheitert instructable.

Ich habe früher eine einfache Modifikation an einen alten PC-Lüfter, die es in eine einge *schnell KWEA zu bauen*.

Das Projekt arbeitete perfekt, ich durch Zugabe von Schaufeln mit dem Rotor anstelle der Originalblätter auf dem PC installiert Fan zu erhöhen Lüfterdrehzahl und dann die Ausgangsspannung eine bessere mechanische Verbesserung der Turbine machen wollte.

Werkzeuge:

Zange

Datei-Tool

Schere

Schritt 1: Ändern Sie den PC Fan

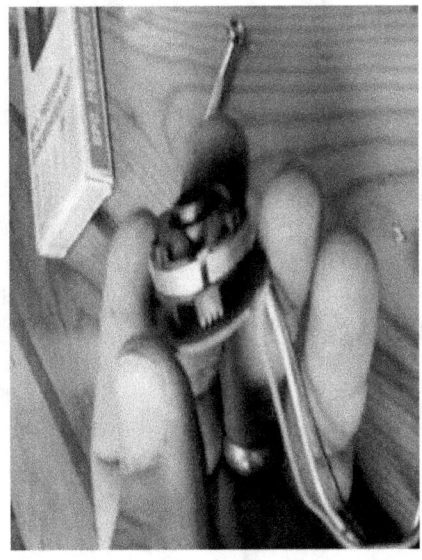

Dieser Schritt wird im Detail in einem anderen Kapitel beschrieben.

Allerdings ist der Hauptzweck des PC-Fan in eine kleine Windturbine zu drehen.

Dies geschieht in zwei Haupt-Schritten.

Schritt 1:

Öffnen des PC Fan, ohne sie zu brechen, und dann den IC (Kommutierungselektronik) entfernt werden, den Gleichstrom in Rechteckspannung umwandelt, um ein rotierendes Magnetfeld in die PC-Fan Statorseite zu machen.

Schritt 2:

Anschließen des Stators zusammen Wicklung der erzeugten Spannung zu summieren und es aus dem PC Fan zu bekommen. Dann schließt wieder den Fan.

Schritt 2: Entfernen Sie die Fan-Flossen und Case

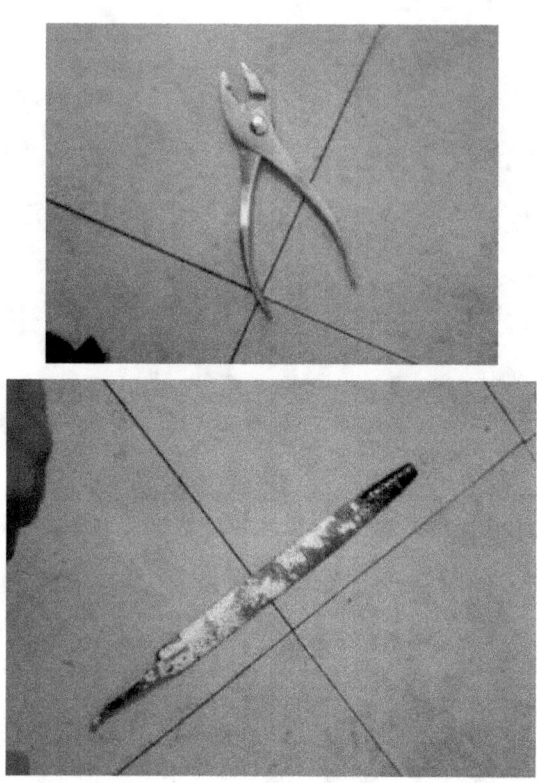

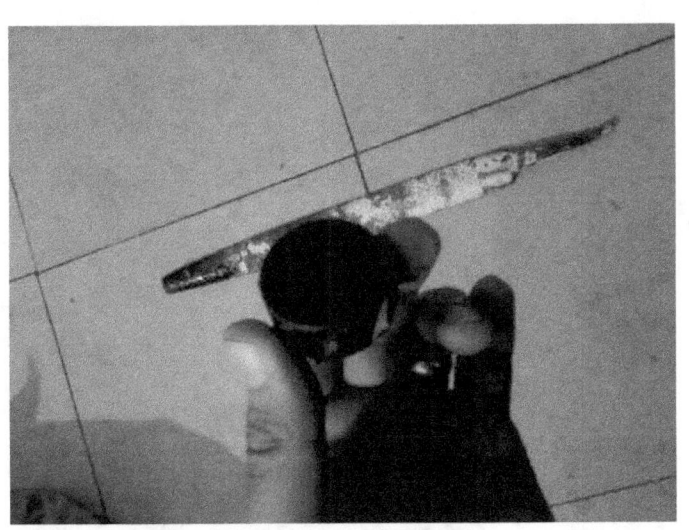

Sie müssen die Lüfter Flossen und Fall entfernen.

Werkzeuge:

Zange

Datei-Tool

Hier entfernt I das Bläsergehäuse und Rippen mit der Zange und links nur den inneren Rotor mit dem Stator verbunden und PCB.

Dann habe ich die Datei Werkzeug, um die Oberfläche des erweichen Motor- Nabe.

Schritt 3: Die großen Turbinenschaufeln vorbereiten und verbinden sie mit dem PC Fan

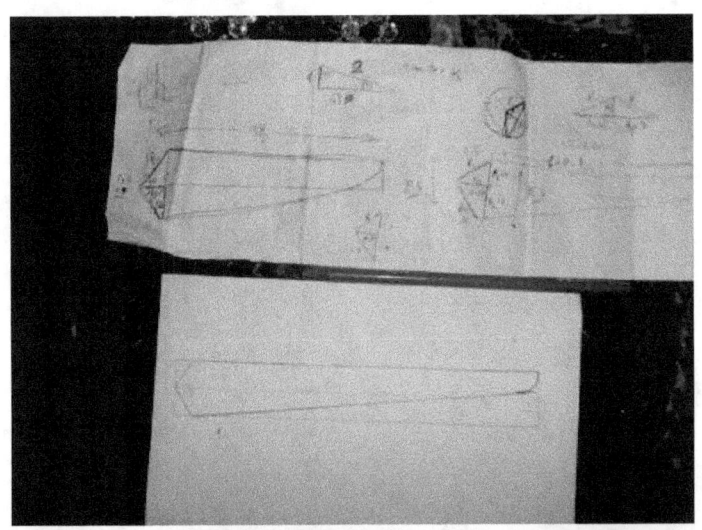

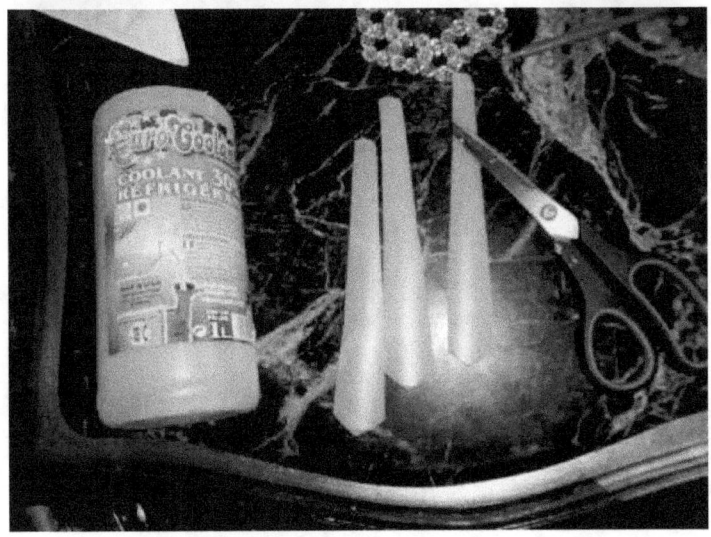

Ich habe den großen Kunststoff <u>Windturbine</u> mit einer Schere Rippen durch eine Skizze der Rippen Zeichnung und ein Stück Kunststoffflasche auf die Skizze schneiden.

Schritt 4: Montage, Prüfung und mit Blick auf die Wahrheit

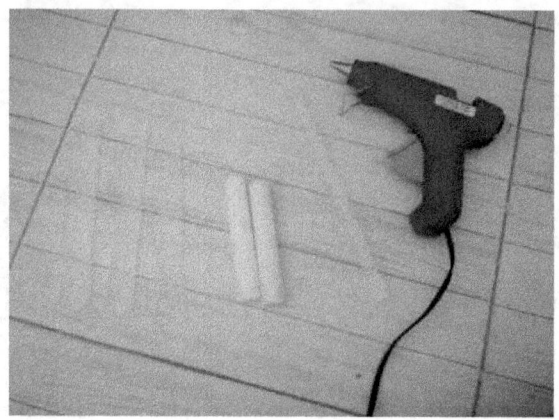

I verbunden, die drei Rotorblätter mit der PC unter Verwendung Lüfternabe **Klebepistole**.

Dann verwendete eine alte Fax Papierrolle und verklebt ihr den Stator PCB wie die Welle zu handeln.

So weit, ist es gut.

Das einzige Problem geweckt, als ich den Lüfter in die Tat umzusetzen. Wenn ich den Ventilator angesichts des Windes setzen, die mit der Nabe verbunden Klingen den Leim konnte nicht einmal die normale Brise Wind standhalten. Die drei Turbinenschaufeln wurden die PC Fan Rotornabe gerissen.

Ich konnte nicht eine neue Art und Weise der Verbindung der heraus **Turbine** die Klingen **PC Fan** Rotornabe.

Dann erklärte ich ein gescheitertes Projekt.

Wie auch immer, es war sehr lehrreich.

5 Minuten Einfache Windturbine für Jedermann

Ich bin fasziniert Windkraftanlagenund grüne Energie. Heute habe ich versucht, ein neues einfaches Projekt, das jemand machen kann.

Ich fand diese alten Montageventilatorflügel und beschlossen, es in etwas Nützliches zu verwenden.

Schritt 1: Werkzeuge und Komponenten

Hier ist alles, was Sie brauchen

Komponenten:

Generator

Alte Lüfterschaufeln

LED aus

Werkzeuge:

Voltmeter

Schraubendreher

Schritt 2: Setzen Sie Ihre Turbine

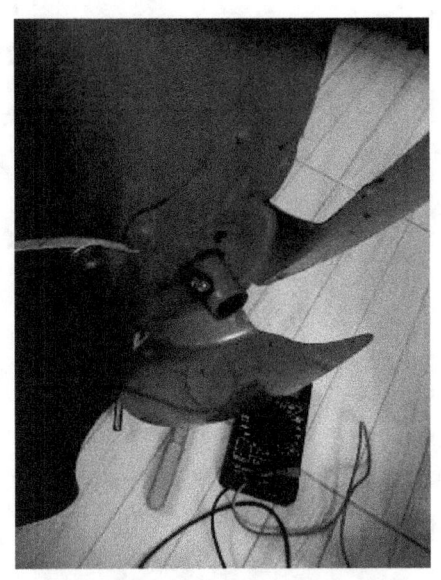

Nun schließen Sie die Lüfterflügel an der Motorwelle und mit dem Schraubenzieher installieren, um die Schraube festziehen.

Jetzt haben Sie Ihre voll funktionsfähiges bekommen Windturbine.

Lasst es uns in den Wind testen.

Schritt 3: Testen Sie die Turbine im Wind

In diesem Schritt testete ich die **Windturbine** mit einem **Voltmeter** und eine LED.

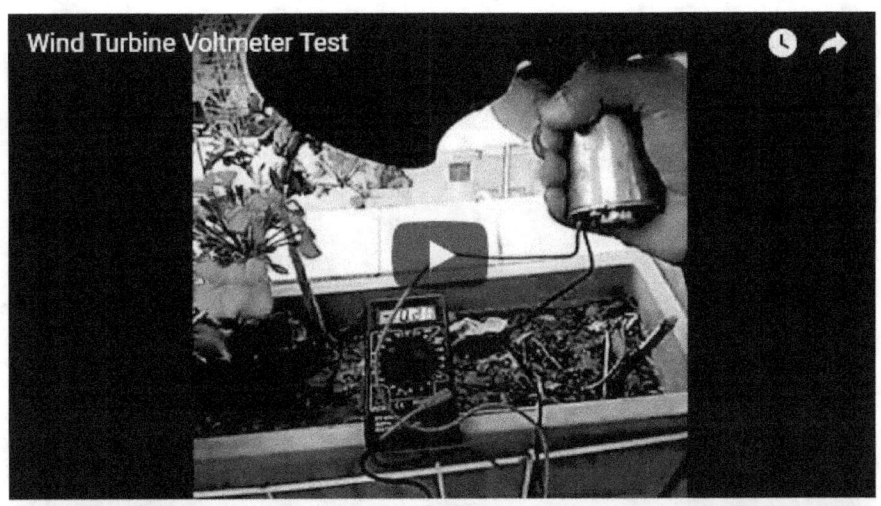

Wie Sie sehen können, wenn der Wind so stark geblasen, war die LED heller. Auch der Voltmeter gemessen über 30volts offene Schaltung hat (ohne Last).

TurbineOne V2: super einfacher Windturbine können Sie jetzt machen

Im vergangenen Jahr habe ich TurbineOne, ein komplett aus recycelten Material
<u>Windturbine</u>. Eigentlich war es so einfach und leicht zu machen. Aber es war auch so
zerbrechlich aufgrund der Tatsache, dass seine Nabe von Compact Discs CDs gemacht
wurde. Wie Sie hat auf dem Foto, starker Wind an einem Tag sehen können die Nabe

verlassen die Blätter nicht verbundenen geknackt. Das Projekt war sehr inspirierend und motivierend. Ich habe neue Sachen gelernt.

In diesem Jahr wollte ich etwas haltbarer machen. Mit Einfachheit und Recycling in dem Sinne kam ich mit einer neuen Idee bis zur Herstellung einer Windturbine mit vorgefertigten Schaufeln aus einem alten Ventilator. Hier kommt das Konzept Idee hinter TurbineOne V2.

Schritt 1: Konzept

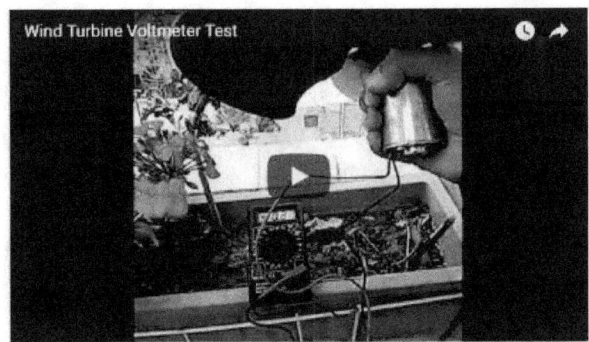

Ich habe in einem meiner früheren instructables diese Turbine Setup getestet machen. Ich wollte einen schnellen Test für das Konzept machen.

Natürlich war es etwas offensichtlich und sehr einfach, aber ich wollte wirklich sicher machen, dass der Wind der Lage ist, die Lüfterflügel zu drehen und den hohen Widerstand leisten Motor- Drehmoment.

Ich war im Zweifel, da der Motor hohen Rotationsdrehmomentwiderstand hatte.

Es funktionierte ausgezeichnet auch in langsamem Wind. Ich war wirklich überrascht, und es machte mich mehr motiviert diesen Wind zu beendenTurbine Konfiguration.

Schritt 2: Komponenten

Hier sind die Komponenten für dieses Projekt, können Sie, dass fast alle von ihnen zu sehen sind Rezyklat:

Motor

Dies war die einzige neue Komponente ich für dieses Projekt gekauft.

Alter Stahl Bräutigam --- Dies ist der Haupt Pol für die Windturbine

Krawatte

Alt CD-Rom-Player Metallabdeckung --- Dies ist die Lenkung Ruder. Zum Windturbine automatische Richtung durch alle Windsituationen.

PET-Flasche ---- Zur Abdeckung und den Motor vor Staub und Wasser zu schützen.

einige Drähte

Schritt 3: Aufbau

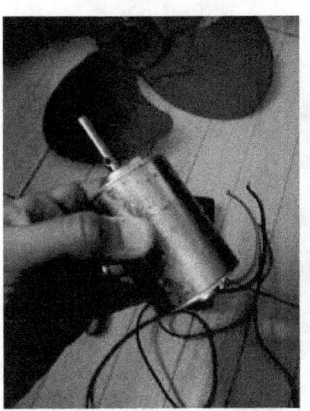 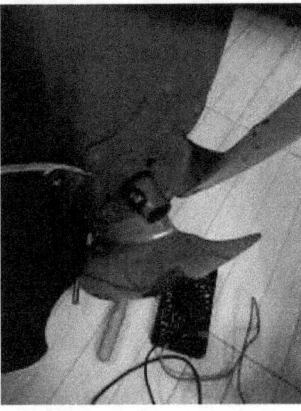

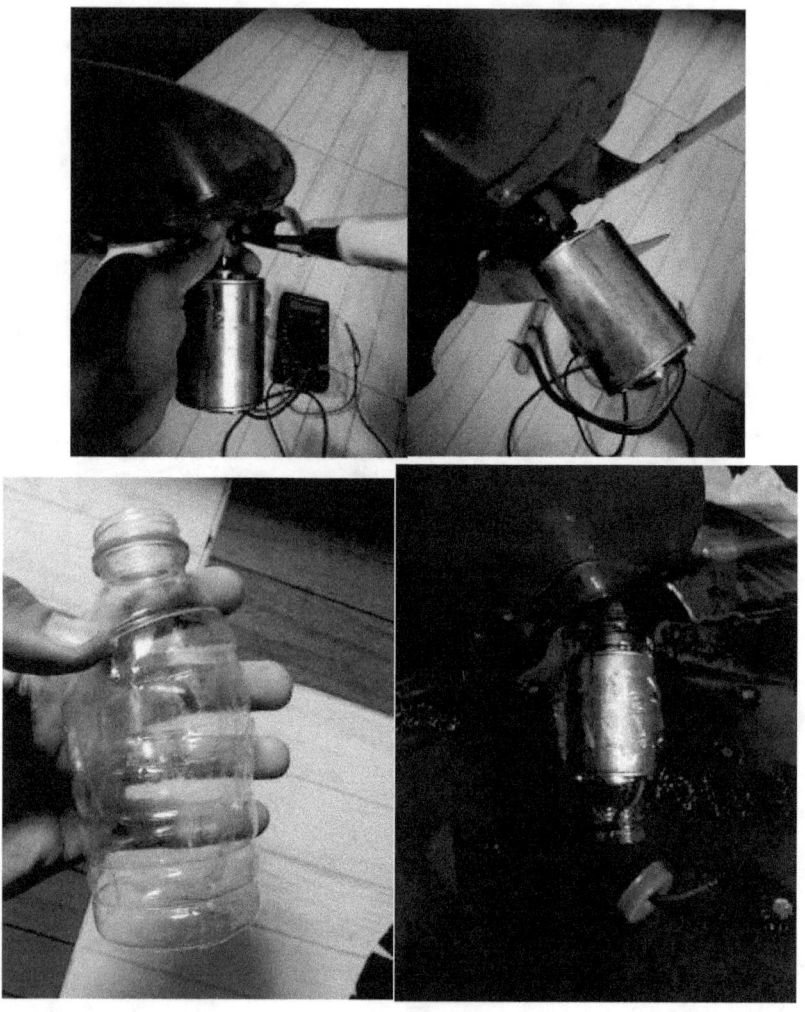

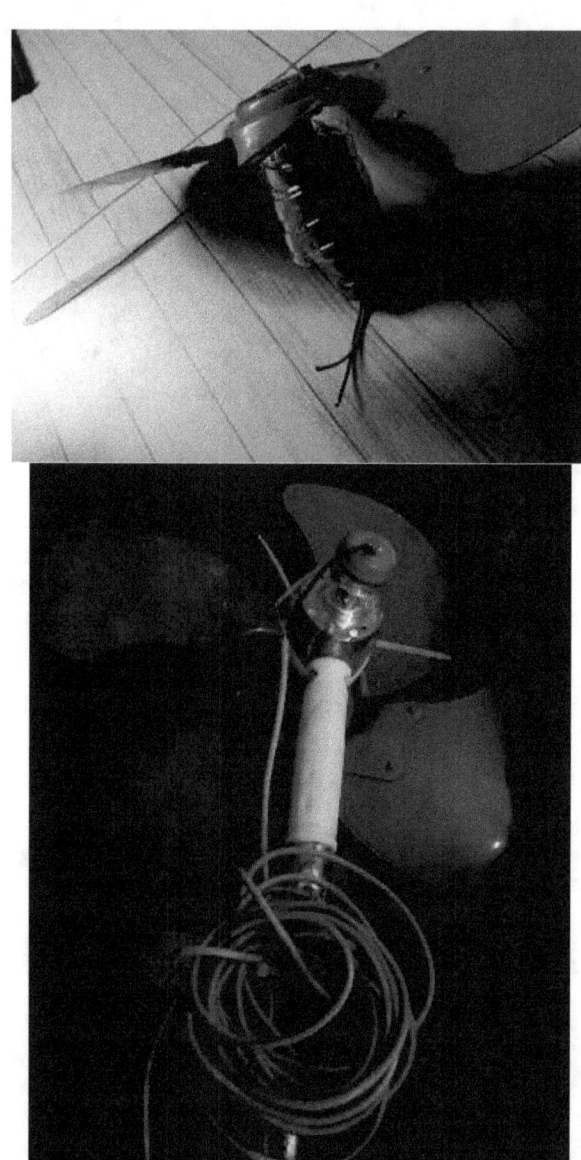

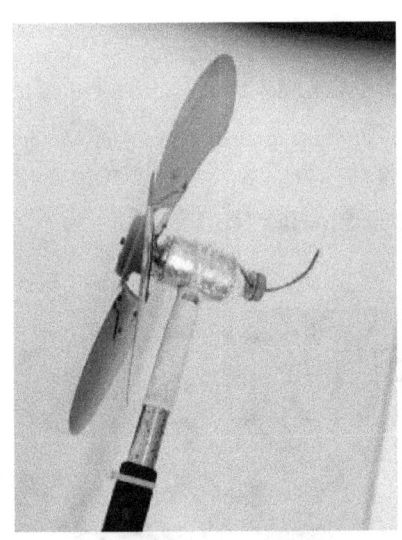

Sehr einfache Konstruktion.

Stellen Sie zunächst die Abdeckung des Motors die PET-Flasche mit.

Schneiden Sie die Flasche in zwei Hälften und deckt den Motor mit ihnen. Verwenden Sie einen Lötkolben die Flasche um die zu schrumpfenMotor-.

Schritt 4: Installieren Sie das Ruder

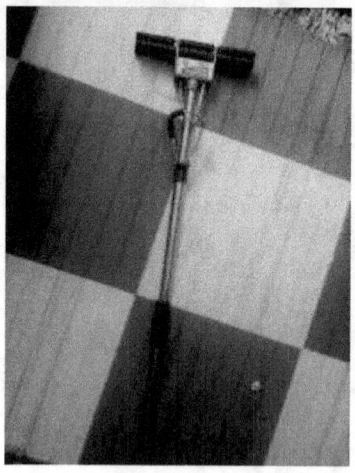

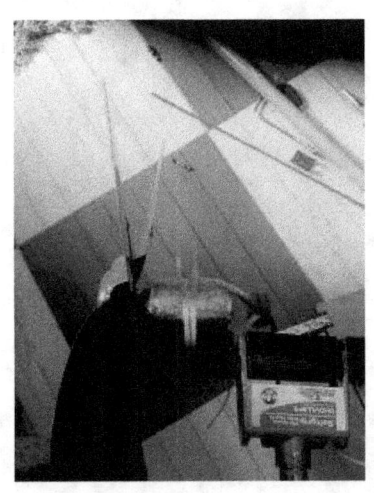

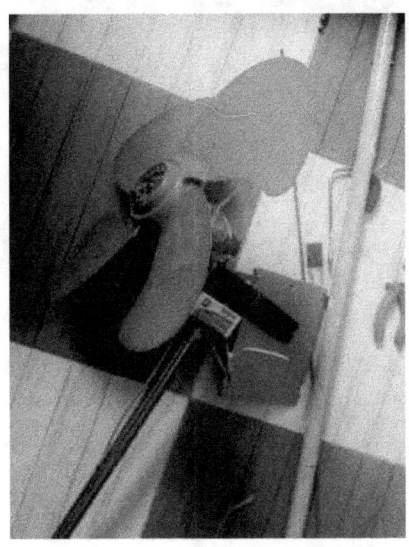

Ich wollte etwas Neues in dieser Version machen, so habe ich beschlossen, ein Richtungs Ruder zu installieren, die den Wind richten können Turbine automatisch.

In der vorherige Version gab es kein Ruder installiert, so hatte ich nach der Windrichtung die Richtung jeden Tag einzustellen.

Früher habe ich eine alte CD-Laufwerk Abdeckung als Ruder und verbinden es mit der Windturbine Krawatte raps verwenden.

Installiert den Generator an die Stange unter Verwendung von <u>Krawatte raps</u> um es herum.

Verbinden eines langen Drahtes an den Motorklemmen.

Schritt 5: Test

Lege das **Windturbine** Pol auf einem hohen Ort, wo man genug Wind Ihren Wind zu laufen hat <u>Turbine</u>.

Windturbine Handy-USB-Ladegerät

Ich liebe Windkraftanlagen. Im vergangenen Monat, baute ich eine neue Arbeitswindturbine aus Recycling-Material. Heute hat ich einige kleine Gadget hinzugefügt, dass es eine praktische Mobil USB-Ladegerät mit Strom versorgt durch Wind gemacht.

Schritt 1: Sammeln Sie Material für Ihre Ladegerät

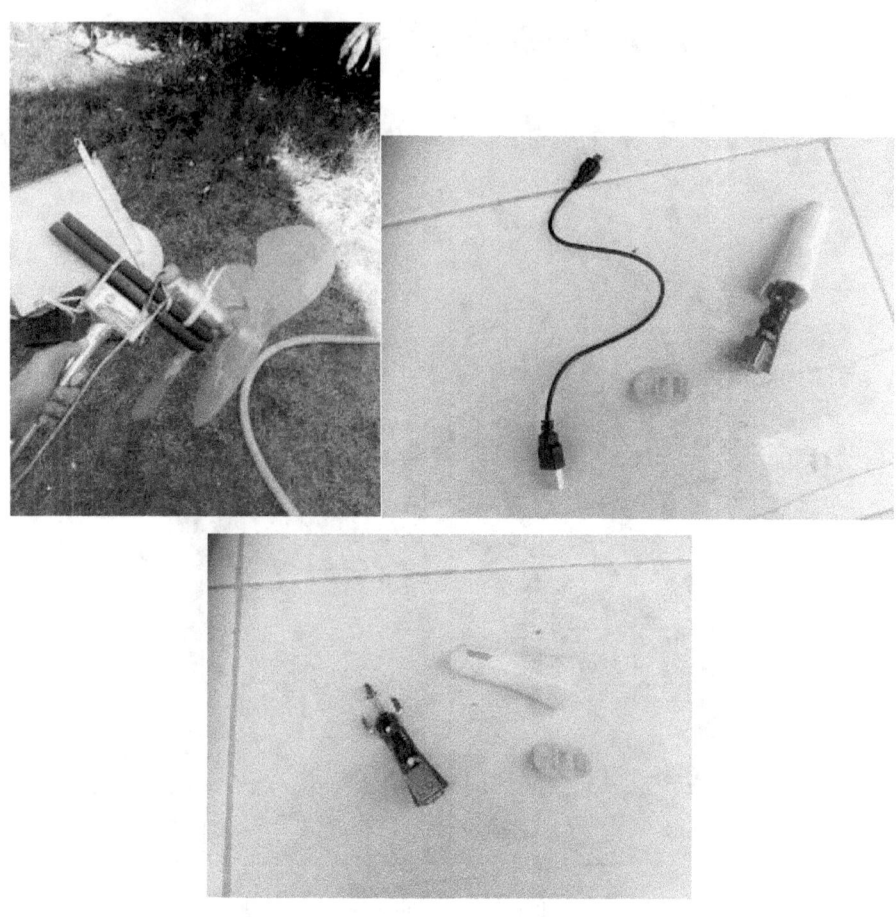

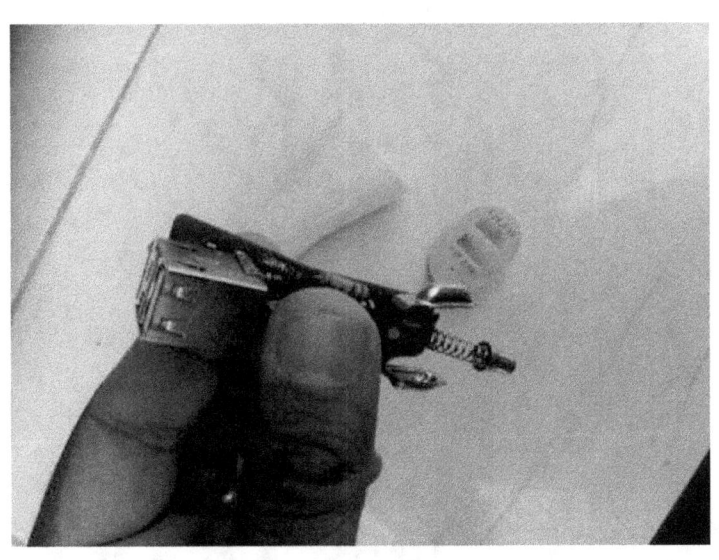

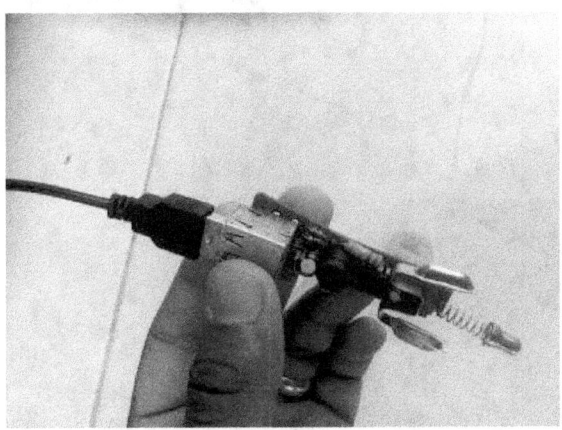

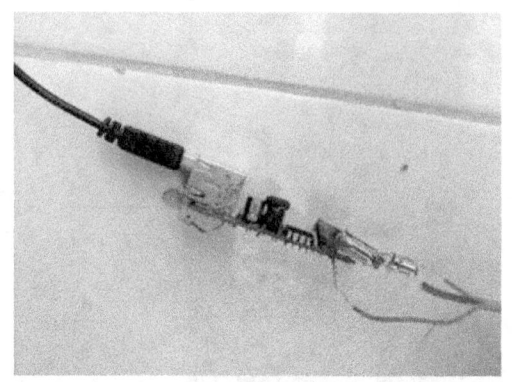

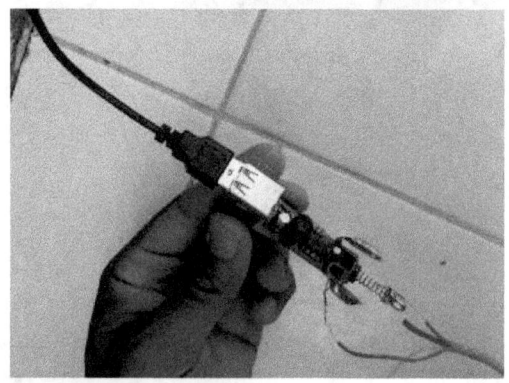

Wie üblich habe ich dieses instructable Material aus recyceltem Material sammeln und anderen Projekten, die ich abgeschlossen hat.

Sie können das Zeug zu Ihrer Verfügung um oder Sie können sie kaufen.

Für die Windturbine, habe ich detaillierte Anweisungen hinzugefügt, wie ich es gemacht **in diesem Kapitel.**

Material:

- Ich habe diese Windrad ich im letzten Monat gebaut haben.

- Mobile USB-Ladegerät für das Auto

- einige Gewichte

- einige Drähte

- Lange Metallrohr

Schritt 2: Verbinden und Testen

Wind Turbine Phone charger test

Verbinden:

Den Ausgang der Windturbine an den Eingang des USB-Ladeterminals.

Das ist es. Du hast jetzt eine Arbeits Windturbine Handyladegerät.

Test:

Rollen Sie das Windturbinengebläse, das System für die Funktionalität zu testen. Sie können die Mobile Charger LED sehen ist beleuchtet, wie Sie den Lüfter rollen.

Glückwünsche. Es klappt!!!

Erheben:

Installieren Sie den Wind Turbine auf dem langen Metallrohr so kann es höhere Windgeschwindigkeit bei der höheren Höhe zu bekommen. Installiert das Metallrohr einschieben und mit schweren Gewichten.

Schritt 3: Ladegerät in Aktion - Rennen in Actual Wind

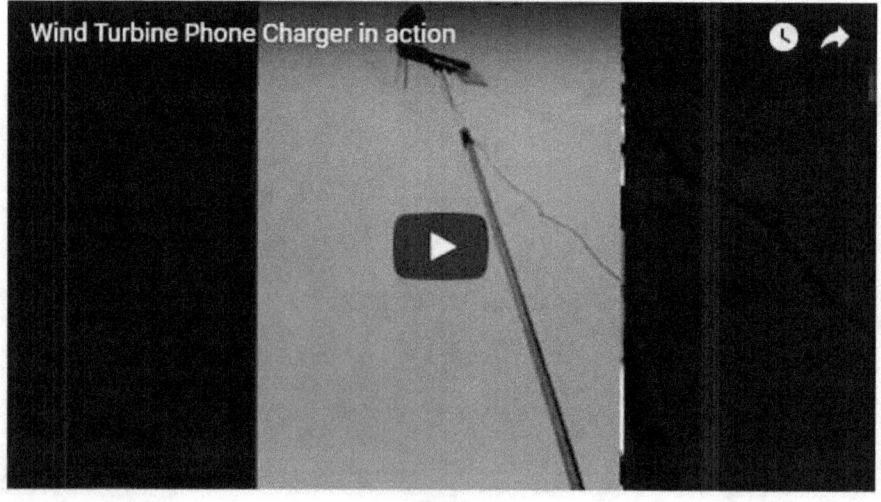

Setzen Sie Ihre Windturbine an einem windigen Ort und schließen Sie das Handy mit dem USB-Kabel an das Ladegerät. Warten, bis der Wind zu blasen.

Wie Sie in dem Video, mit einer geringeren Windgeschwindigkeit der Windturbine rollt auf einer recht niedrige Geschwindigkeit zu sehen. Aber das Ladegerät funktioniert ziemlich gut.

Durch den praktischen Experiment, den Anschluss des Ladegeräts an die Windturbine Ladegeräte das Telefon schneller, als wenn es zu einer kleinen Solarpanel verbinden, wie vorher.

Vertikale Windturbine von Big PET-Flasche

Ich liebe Windkraftanlagen. Und ich liebe es, sie speziell aus recycelten Materialien. Ich kann einfach nicht mir helfen, wenn ich das Gefühl bekomme alte Sachen wieder zu verwenden sinnvolle Projekte zu machen.

Ich habe großes Interesse an erneuerbaren Energie. Ich habe versucht, einige machenWindkraftanlagenvor und heute Ich versuche, eine VAWT (Vertikale Windturbine) zu machen. Ich zeige Ihnen meine Versuche und Fehlschläge, bis es funktionierte.

Schritt 1: Komponenten und Werkzeuge

Komponenten:

Hier sind die Komponenten für dieses Projekt, können Sie, dass fast alle von ihnen zu sehen sind Rezyklat:

Motor

Dies war die einzige neue Komponente ich für dieses Projekt gekauft.

Alter Stahl Bräutigam --- Dies ist der Haupt Pol für die Windturbine

Tie rap

Alt CD-Rom-Player Metallabdeckung --- Dies ist die Lenkung Ruder. Zum Windturbine automatische Richtung durch alle Windsituationen.

PET-Flasche ---- Zur Abdeckung und den Motor vor Staub und Wasser zu schützen.

einige Drähte

1 mm Kupferdraht

5 Gallon Wasserflasche: Ich verwendete PET-Flaschen, die nur einmal verwendet werden kann. So können sie für andere Zwecke wiederverwendet werden, aber nicht für Trinkwasser wiederverwendet.

<u>Werkzeuge :</u>

Zange

Schere

Gartenschere

Schritt 2: Erster Versuch - Fehlgeschlagen

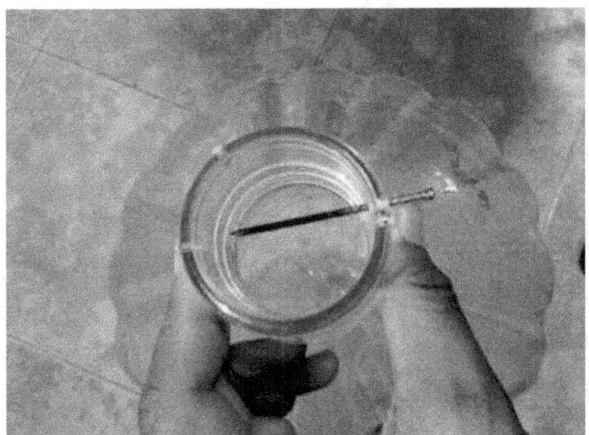

I verwendet, um die Gartenschere der PET-Flasche zu schneiden und hergestellt vertikale Scheiben, so dass es dazu führen kann es zu drehen, wenn sich frei in den Luftstrom gehängt.

Ich benutzte einen heißen Nagel zwei Löcher in die Flaschen Hals zu machen, so kann es auf der Generatorwelle befestigt werden.

die Turbine in der Luft, nachdem er versucht, es rührte sich nicht.

Ich denke, wir es einen Fehler nennen kann, nicht wahr?

Falsch. Es ist nur eine andere Art Vertikale Windturbine machen, die schleudert nicht.

Weiter lesen

Schritt 3: Zweite und Dritte - Another Failure

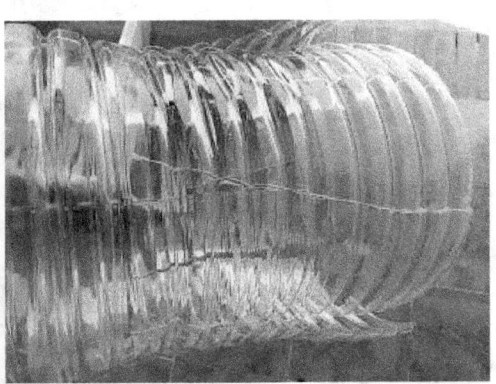

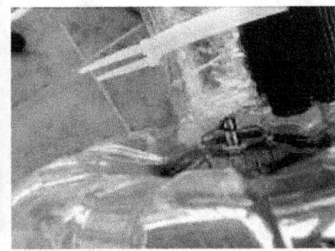

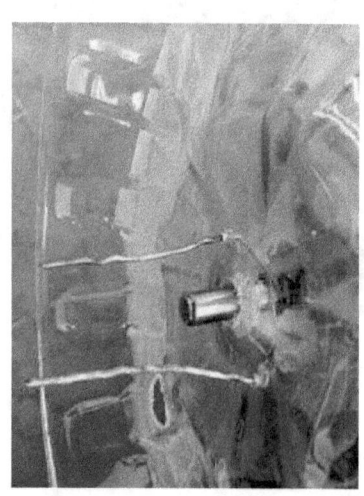

Dann habe ich versucht, einen anderen Weg, um die PET-Flasche zu schneiden.

Ich habe auch einige vertikale Schnitte, während sie immer für einige Flossen zu machen, die dazu führen, kann es zu spinnen.

Keine Rotation entweder.

Das dritte, was ich versucht habe, ist die PET-Flasche in einigen schrägen Linien zu schneiden. Sie sehen, ich viele Flaschen davon haben.

Ich habe sogar versucht, eine andere Sache, die nicht als eine Windturbine in Betracht gezogen werden könnte. Aber je mehr ich das Gefühl, ich komme näher an mein Ziel, desto mehr fühle ich mich motiviert.

Ich habe versucht, den Boden der Flasche zu schneiden und eine rotierende Scheibe machen, die mit dem Generator verbunden und kann von Hand gedreht werden.

Diese wirklich funktioniert.

Schritt 4: Forth Versuch - Erfolgreiche !!!!

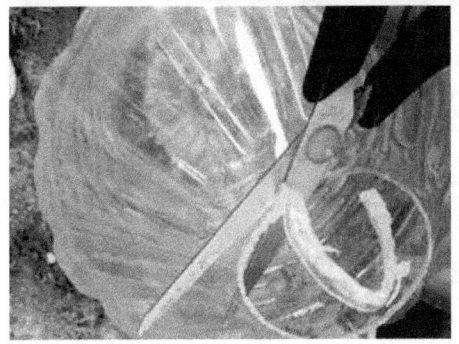

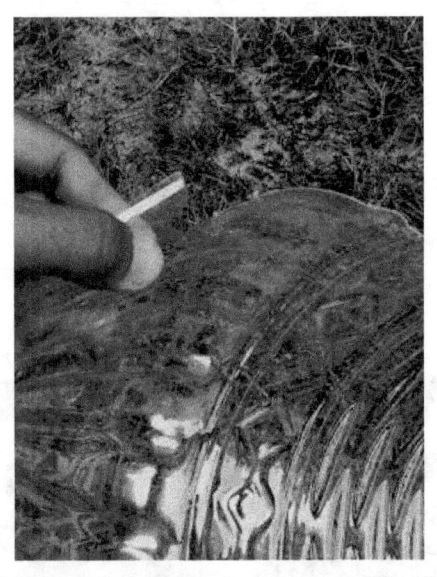

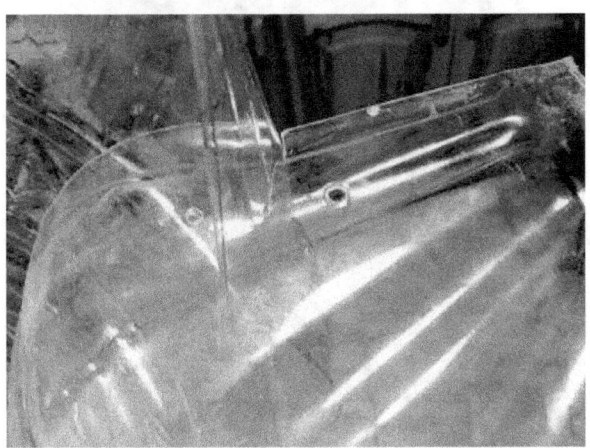

Jedes Projekt, das ich mache - scheitern oder Erfolg - ich lerne viel von ihm.

Dies ist der letzte Schritt, in dem ich die VAWT Vertikale Windturbine tun könnte.

Ich schnitt die PET-Flasche in zwei Hälften.

Entfernt, um die Bodenplatte.

Verbunden werden die beiden Hälften miteinander Rücken an Rücken unter Verwendung von 1 mm Kupferdraht.

Dies machte die Rotorlamellen.

I verbunden, um die Rippen an den Generator unter Verwendung von 1 mm Kupferdraht.

Dieser hat gearbeitet.

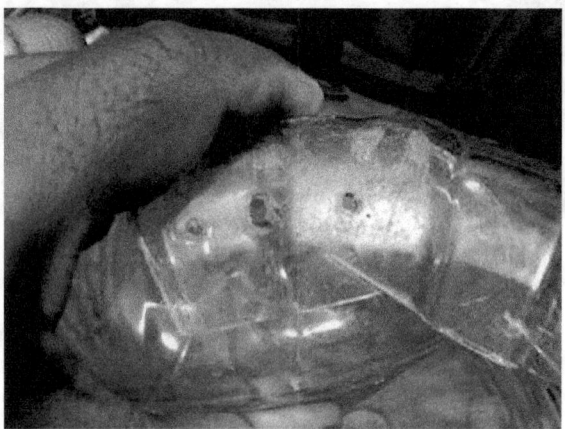

„Das Scheitern ist nicht ein Fehler, wenn Sie daraus lernen"

Dies ist nur das Zitat ich Erinnerung behalten, wenn ich beginne eine meiner Projek
bauen.

Halb Brainer Windturbine

Wenn ich es bauen verwaltet und es funktioniert so kann man es auch machen. Das ist kein Witz. Ich habe dies mit nur halb Gehirn gebaut.

Ich kam zurück von meiner anstrengenden Nachtschicht bei der Arbeit und wollte einige Zeit in etwas Nützliches und erraten, verbringen, was ich tun konnte. Ja. Eine Arbeitswindturbine.

Ich wirklich von Nachtschicht kam das Gefühl, dass ich nur zu denken und die Welt mit nur einem halben Gehirn sehen. Lass uns anfangen.

Hinweis:

Dies ist, wie ich aussehe nach Hause von einer Nachtschicht kommen.

Schritt 1: Sammeln Stuff

Jedes Projekt, das ich mache - scheitern oder Erfolg - ich lerne viel von ihm.

Dies ist der letzte Schritt, in dem ich die VAWT Vertikale Windturbine tun könnte.

Ich schnitt die PET-Flasche in zwei Hälften.

Entfernt, um die Bodenplatte.

Verbunden werden die beiden Hälften miteinander Rücken an Rücken unter Verwendung von 1 mm Kupferdraht.

Dies machte die Rotorlamellen.

I verbunden, um die Rippen an den Generator unter Verwendung von 1 mm Kupferdraht.

Dieser hat gearbeitet.

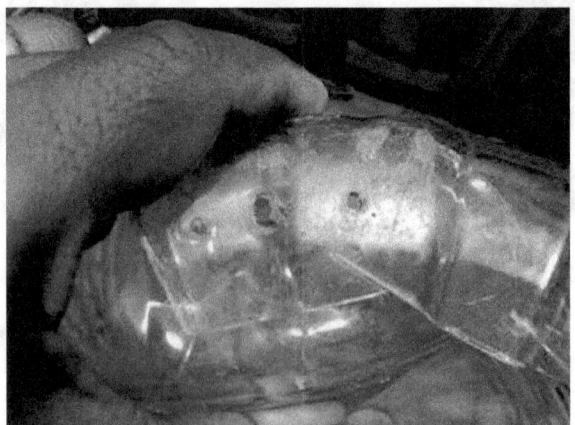

„Das Scheitern ist nicht ein Fehler, wenn Sie daraus lernen"

Dies ist nur das Zitat ich Erinnerung behalten, wenn ich beginne eine meiner Projekte zu bauen.

Halb Brainer Windturbine

Wenn ich es bauen verwaltet und es funktioniert so kann man es auch machen. Das ist kein Witz. Ich habe dies mit nur halb Gehirn gebaut.

Ich kam zurück von meiner anstrengenden Nachtschicht bei der Arbeit und wollte einige Zeit in etwas Nützliches und erraten, verbringen, was ich tun konnte. Ja. Eine Arbeitswindturbine.

Ich wirklich von Nachtschicht kam das Gefühl, dass ich nur zu denken und die Welt mit nur einem halben Gehirn sehen. Lass uns anfangen.

Hinweis:

Dies ist, wie ich aussehe nach Hause von einer Nachtschicht kommen.

Schritt 1: Sammeln Stuff

Komponenten:

Hier sind die Komponenten für dieses Projekt; können Sie feststellen, dass fast alle von ihnen sind aus recycelten Materialien finden Sie unter:

Motor

Dies war die einzige neue Komponente ich für dieses Projekt gekauft.

Alter Stahl Bräutigam --- Dies ist der Haupt Pol für die Windturbine

Tie rap

Alt CD-Rom-Player Metallabdeckung --- Dies ist die Lenkung Ruder. Für Windturbine automatische Richtung durch alle Windsituationen.

PET-Flasche ---- Zur Abdeckung und den Motor vor Staub und Wasser zu schützen.

einige Drähte

1 mm Kupferdraht

1.5 Pet-Flaschen

<u>Werkzeuge :</u>

Zange

Schere

Gartenschere

Schritt 2: Erster Versuch

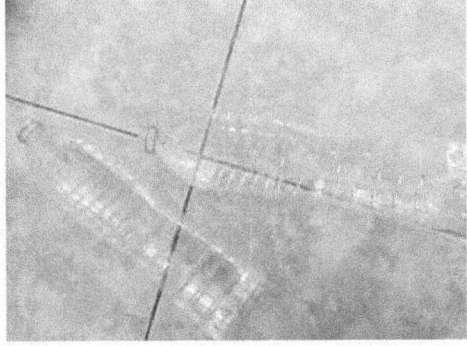

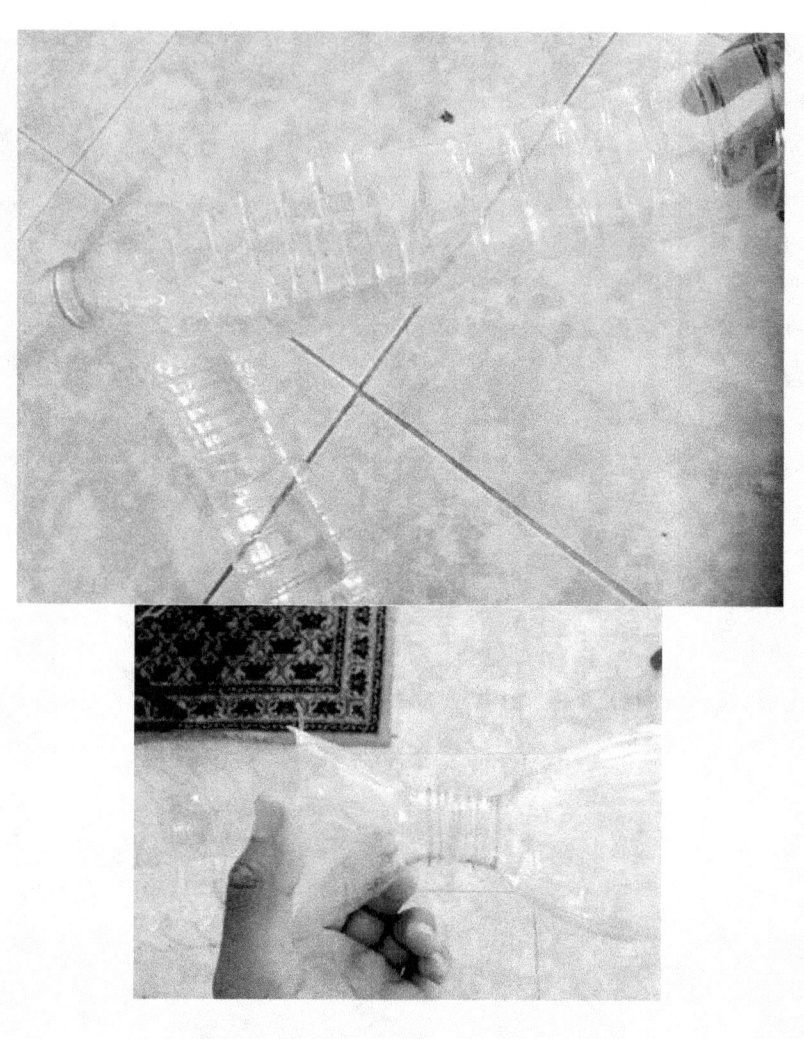

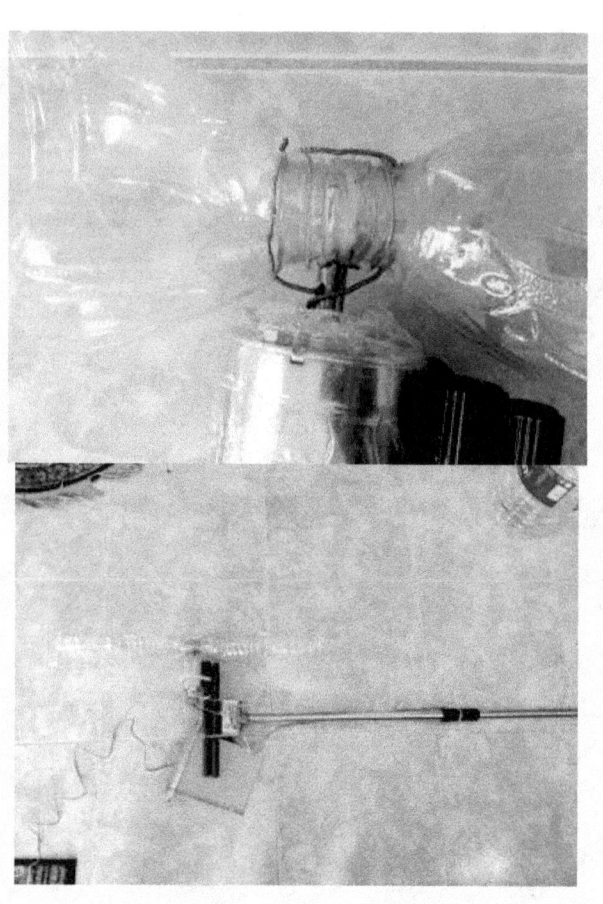

Eigentlich sollte I Flaschen eine vertikalachsige Windturbine mit zwei PET bauen.

Zuerst I geschnitten, um die zwei Flaschen Flossen zu machen.

Dann verschweißt I die beiden Flaschen aus ihrer oberen Wärme.

Und machte Löcher für Generator und für Kupferdrähte.

Dann installiert, um den Generator und fixiert es Kupferdrähte verwenden.

Fehler. Nur ein weiterer keine rotierenden Vertikalachsen-WindTurbine.

Die Flaschen machen nicht genug Drehmoment, um den Generator zu drehen.

Schritt 3: Zweiter Versuch - Erfolg

Mit halben Gehirn, habe ich beschlossen, die Flaschen Böden schneiden der Hoffnung, etwas Drehung zu machen.

Mit Versuch und Irrtum, habe ich entdeckt, was funktioniert und was nicht.

Und dann schneide ich die Flaschen jeden, wenn sie in etwas zu formen, die ähnlich aussieht aufzuwickeln Turbinen Klingen genügend Drehmoment für die Drehung zu erzeugen.

Erfolg. Es funktioniert und erzeugt Strom.

Auch eine andere Sache, die ich über dieses Windrad entdeckt ist, dass es völlig sicher für Sie und Ihre Kinder.

Die Klingen sind sehr elastisch und zart. Auch wenn es etwas trifft, während es sich dreht überhaupt kein Problem.

Fehlgeschlagen - Mini-Wind-Turbine

Ich liebe den Aufbau kleine Windenergieanlagen für Bildungs- und experimentelle Zwecke. Einige von ihnen arbeiten und einige tun es einfach nicht.

Ich lerne aus diesen beiden arbeiten und von denen nicht funktionieren.

Also eigentlich benutze ich alle von ihnen machen.

In diesem instructable werde ich Ihnen eine kleine Windturbine zeige, dass ich vor kurzem gemacht habe, aber nicht genügend Spannung erzeugen eine LED, obwohl die Windgeschwindigkeit war ziemlich genug, um andere Turbine Arbeit besser zu beleuchten.

Schritt 1: Komponenten

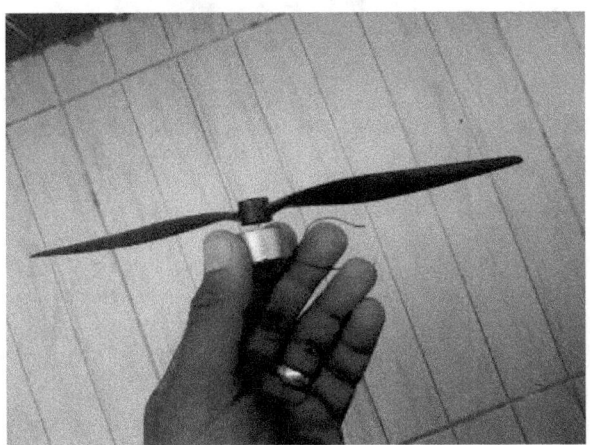

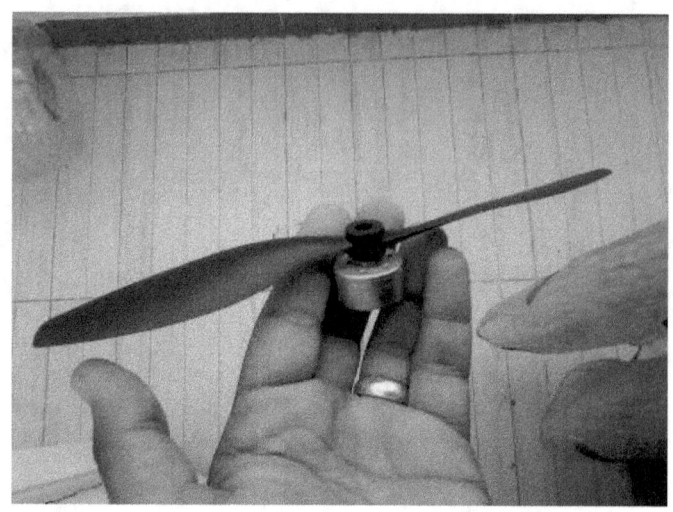

Motor Kleiner Motor aus einem alten CD-ROM-Laufwerk LED (I verwendet weiß und dann habe ich rot)

Quadcopter Klingen 8045L 8 x 4.5L Metallrohr

PET-Flasche

Faden

Schritt 2: Teile miteinander verbinden

Schneiden Sie die PET-Flasche ein kleines Stück von der Spitze der Flasche zu machen. Dieses Stück wird verwendet, um den Motor auf dem Metallrohr zu fixieren.

Setzen Sie den Motor im Inneren der Flasche oben wie in der Abbildung dargestellt.

Schließen Sie die LED an den Motorklemmen.

Unter Verwendung des Thread, fixieren das Stück PET-Flasche auf das Metallrohr.

Legen des Metallrohrs in einem freien offenen Bereich, wo ein hoher Luftdurchsatz.

Schritt 3: Testen und Fehler

Testen der Mini-Wind-Turbine im Wind. Ich dachte, die Turbinendrehzahl ausreicht, um die LED-Licht. Ich habe mich geirrt.

Obwohl ich den Motor getestet haben die durch Drehen LED-Licht mit der Hand, es funktionierte wirklich. Aber wenn ich es mit den Schaufeln verbunden ist, wurde seine Geschwindigkeit drastisch reduziert.

Die Klingen wurden für den Motor schwer und sie bei einer relativ niedrigen Geschwindigkeit gedreht, die den Motor zur Ausgabe von sehr kleinen Spannung verursacht.

Diese kleine Spannung war nicht genug, um eine weiße LED oder eine rote LED leuchtet.

Ich habe von diesem gelernt, dass nicht alle Rotoren für alle Motoren verträglich sind.

Und dass nicht alle Blätter können als Blätter verwendet werden, für Windkraftanlagen.

Diese quadcopter Klingen waren schwer und langsam den Motor auf niedrige Drehzahl angetrieben.

Aber ich bin auf der Suche nach einem besseren und leichter **Windkraftanlagen** für alle Menschen, die bereit zu machen sind.

www.ingramcontent.com/pod-product-compliance
Lightning Source LLC
Chambersburg PA
CBHW072014230526
45468CB00021B/1488